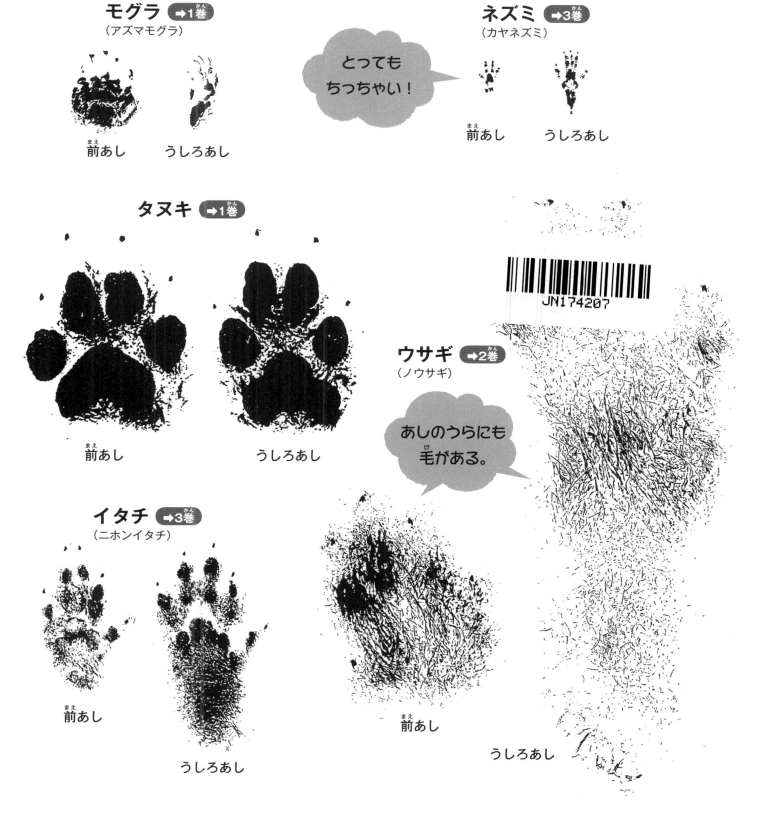

クイズでさがそう！

生きものたちの わすれもの

① まち

監修／小宮輝之
（上野動物園元園長）
編／こどもくらぶ

はじめに

右の写真は、東京のある保育園の前の道路にペンキでえがかれたあしあとの絵です。
「これなあに？」
「ネコさんのあしあとよ」
「おうちにかえったのかな」
「ほら、指がこっち向いているでしょ。出てきたのよ」
子どもたちと先生の会話が聞こえてきそうです。

右の写真は、どんな生きもののあしあとでしょう。
ネコではありませんよ。ある野生の生きもののあしあとです。
あしあとがついた場所は、道路の横にあるみぞ。
じつはこの道路も東京にあります（→1巻5ページ）。東京のような
大都会にも、いろいろな生きものたちがくらしているのです。
野生の生きものたちは、人間のいるところには
なかなか出てきません。夜しか動かない生きものも多く、
すがたはあまり見られません。
でも、そうした生きものたちがのこしていったものを
発見することはよくあります。

このシリーズ「生きものたちのわすれもの」は、あしあとや食べのこし、
うんちなど、いろいろな生きものがのこしていったものを見て、
どんな生きものがのこしていったのかを、たんけんする本です。
つぎの3巻で構成しています。

 ❶まち　❷森　❸水辺

「わすれものをしたわすれんぼうは、だれかな？」「どんなすがたをしているのかな？」
想像するだけで、わくわくします。
さあ、みんなでたのしく、「わすれもの」と「わすれんぼう」をさがしにいきましょう。

※ この本でいう「わすれもの」とは、あしあとや食べのこし、うんちのほか、巣やたまごなど、その生きものがいた証拠となるもの全般をさします。

この本のつかいかた

この本では、生きものたちがのこした「わすれもの」をクイズ形式でしょうかいします。クイズはQ1～Q7までの7つ。どのクイズからちょうせんしてもかまいませんよ。

問題のページ

めくると

答えと解説のページ

写真が「わすれもの」に関するクイズになっている。

クイズの答え。

答えの解説。

ほかの生きものとの比較。

クイズのヒント。

「わすれもの」をのこした「わすれんぼう」（生きもののすがた）。

答えとなる生きものの、基本的な情報。

生きもののあしのうらにすみをつけて、紙にうつしとった「あしたく」。指の形や、前後のあしのちがいなどがわかる。

本文より少し発展した内容の関連情報。

この生きものがのこす、いろいろな「わすれもの」や、生きものについての情報。

いろいろ情報

さらにくわしい知識や、おもしろい「わすれもの」をしょうかい。

資料編

「わすれもの」について調べる上で役に立つ情報を掲載。

3

もくじ

Q1 だれの あしあと？ … 5ページ

Q2 これは なんだろう？ … 9ページ

Q3 これはスズメの「わすれもの」。なにをしていたのかな？ … 13ページ

Q4 これは なんだろう？ … 17ページ

Q5 すきまのおくに かくれているのは だれ？ … 21ページ

Q6 うねうねもようは なんだろう？ … 23ページ

Q7 キャベツの葉っぱを食べたのはだれ？ … 25ページ

まちの生きものいろいろ情報

- まちにくらす「外来種」……………………… 8
- 昼行性と夜行性………………………………… 12
- だれの巣かな？………………………………… 16
- 人間を利用する鳥……………………………… 20
- セミのぬけがらを見てみよう………………… 27
- まちで見つかる虫の「わすれもの」………… 28

資料編 生きもの分類表……………… 30

さくいん………………………………… 31

A タヌキのあしあと

つめあとが目印

タヌキのあしあとは、丸っこい形と、つめあとがのこることが特徴です。あしあとは一直線にならず、ジグザグにつきます。また、上の写真のように、前あしのあしあとの上に、少しだけうしろあしのあしあとが重なることがよくあります。

つめあと
うしろあしの あしあと
前あしの あしあと

くらべてみよう！ ネコのあしあと・イヌのあしあと

ネコとイヌのあしあとはタヌキとよくにている。ネコは音を立てないようにつめをしまって歩くため、タヌキとちがってつめあとがつかない（左の写真）。イヌのあしあとはつめあとがつくが、全体的にタヌキのあしあとより細長いことが多い（右の写真）。

ネコのあしあと。

イヌのあしあと。

タヌキのうんち

タヌキは、「ためふん」といって、おなじ場所に何回もうんちをします。これには、自分の居場所をほかのタヌキに知らせるなどの役割があるといわれています。ためふんがあるということは、タヌキがよく通る場所だということです。

タヌキのためふん。

タヌキの巣

タヌキは自分では巣あなをほりません。寺のゆか下や物置のかげなど、ちょっとしたスペースを巣としてつかいます。森では、アナグマなどが地面をほってつくった巣を再利用したり、木の根もとにできたあなをつかったりします。

タヌキが巣としてつかっていた、物置の下のすきま。

タヌキの「あしたく」

ほんものの50％の大きさ

前あし　　うしろあし

あしあとの上の小さい点てんがつめのあと。

タヌキってこんな生きもの

分類 ほ乳類　**食べもの** ネズミやカエル、昆虫、木の実など

すむ場所 里山や河川じきのほか、緑の多い公園、住宅地など

行動 夜行性

毛足が長くふさふさとした冬毛のタヌキ（左の写真）と、春になって毛がぬけはじめ、だんだん毛の短い夏毛にはえかわったタヌキ（右の写真）。

7

まちにくらす「外来種」

まちには、タヌキのほかに、アライグマやハクビシンなどもくらしています。じつは、これらは、もともと日本にはいなかった生きものたちです。

外来種って？

もともとその地域にいなかったが、人間によってほかの地域からもちこまれた生きものを「外来種」という。外来種は、下のような問題を引きおこすといわれている。

- もともとその地域にいた生きもの（在来種という）を食べたり、えさを横どりしたりして、在来種を減少させ、生態系*をこわしてしまう。
- その地域になかった病気をもちこみ、在来種や人間が感染してしまう。

＊ある地域に生息するすべての生きものと、それをとりまく環境全体をさす。

こうした理由で「外来種は駆除すべき」という声は多いが、生きものはそこで生きているだけで、悪いのは生きものをもちこんだ人間のほうといえる。

ミシシッピアカミミガメは、まちなかの池などでよく見られるが、北アメリカから来た外来種だ。

アライグマの場合

アライグマは、1970年代以降、アニメ『あらいぐまラスカル』が人気となり、ペットとして北アメリカ大陸からもちこまれたといわれる。しかし、人間になつかない性格のため、すてられることも多く、野生のアライグマがふえてしまった。アライグマは水辺でえさをとるため、在来種のカエルやサワガニの数がへってしまったという報告がある。

アライグマは、えさを水であらうようなしぐさをすることで知られる。

ハクビシンの場合

ハクビシンは、江戸時代には日本に入ってきていたことがわかっているが、20世紀に入ってから、毛皮をとる目的でもちこまれてふえたといわれている。もともとは森にしかいなかったが、近年、まちでも見られるようになった。家の屋根うらをねぐらにして、うんちの被害をもたらしたり、庭の果実を食べてしまったりする。

ハクビシンは、もともとは東南アジアや中国南部の生きもの。

Q2 これはなんだろう？

① イヌが土をほりかえしたあと
② モグラがトンネルをほったあと
③ リスが食べものをうめたあと

大きな公園などで見つかるよ。

A ②モグラがトンネルをほったあと

出入口ではない！

地面にできた土の山は、モグラのトンネルの出入口ではなく、ほった土を下からおしあげてすてたもの。「モグラづか」とよばれています。モグラが地上に出ることはめったにないので、トンネルの出入口はふつうありません。

シャベルのようなあし

モグラの前あしは、土をかきわけるために、シャベルのようにがっしりしています。うしろあしは、前あしより小さいですが、土をけってすばやく動くのに適しています。

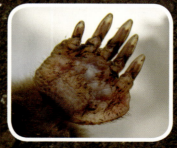
モグラの前あし。

モグラのうしろあし。

モグラのうんち

モグラは1日に自分の体重の半分以上の重さのえさを食べるくいしんぼう。うんちには、虫のざんがいなどがまじっています。ただし、うんちはトンネルのなかの決まった場所にするので、地上で見かけることはほとんどありません。

虫のざんがいがまじっているモグラのうんち。

モグラのトイレに生えるキノコ

「ナガエノスギタケ」というキノコは、柄を土のなかに長くのばして、モグラのうんちから栄養を得るため、モグラがうんちをする場所の上に生える。モグラがのこしたものではないが、ナガエノスギタケもモグラがいる目印となる。

ナガエノスギタケの模型。

くらべてみよう！ ヒミズのトンネル

ヒミズはモグラのなかま。腐葉土などやわらかい土のあさいところをほりすすむので、トンネルの上がもりあがって見える。日中はモグラとおなじでトンネルのなかにいるが、夜は土から出て地面を歩く。

ヒミズ。モグラより小さい。

黒い土が見えているところがヒミズのトンネルのあと。

モグラってこんな生きもの

分類 ほ乳類　**食べもの** ミミズ、コガネムシやカブトムシの幼虫など　**すむ場所** 山地や平野の土のなか。公園や、住宅のまわりにもすむ　**行動** 2～3時間おきに、行動したり休んだりをくりかえす

※ 東日本にはアズマモグラ、西日本には少し大きいコウベモグラがいる。左の写真はアズマモグラ。

昼行性と夜行性

生きものは、活動する時間帯によって、大きくふたつにわけられます*。おもに昼間に活動して夜はねむるものを「昼行性」、そのぎゃくを「夜行性」といいます。

 ### 昼行性の生きもの

おもに昼間に活動し、夜にねむる生活をする生きもの。明るい昼間に活動することで、まわりをよく見て食べものをさがしたり、天敵からのがれたりすることができる。視覚（見る力）が発達している生きものが多い。

視覚をつかって木の実をさがすリスは昼行性。夜は巣のなかでねむる。

ハトは暗いところではあまり目が見えない。夜は木の上や橋げたなどでねむる。ハトにかぎらず鳥の多くは昼行性。

花のみつをすうチョウは、花がさく昼間に活動する。

 ### 夜行性の生きもの

明るい昼間は天敵に見つかっておそわれやすいことなどから、おもに夜に活動し、昼間にねむる生活をする生きもの。暗やみで目立たないように体が黒っぽい色をしていたり、視覚にたよれないため聴覚（音をきく力）や、きゅう覚（においをかぐ力）が発達していたりする。

タヌキは暗やみで目立たない色をしている。また、きゅう覚が発達している。

コウモリは、人間にはきこえない超音波を発することで、くらやみでも、どこになにがあるかをとらえることができる。

フクロウは鳥にはめずらしい夜行性。夜でもよく見える目をもち、聴覚も発達している。

* モグラのように、どちらにもあてはまらない生きものもいる。

Q3

これはスズメの「わすれもの」。
なにをしていたのかな？

① 花につく虫を食べた
② 花のみつをすった
③ 花のそばではばたいた

> サクラの木の下に落ちていたよ。

A ②花のみつをすった

花を落とすのはスズメだけ

　スズメはくちばしでサクラの花をむしって、みつをすい、地面に落とします。サクラはふつう、花びらが1まいずつちるので、花ごと落ちているとよく目立ちます。メジロやヒヨドリもサクラのみつをすいますが、スズメにくらべてくちばしが細いため、花にくちばしをつっこんですうことができます。花を丸ごと落とすことはあまりありません。

メジロ

ヒヨドリ

スズメの「あしたく」
ほんものとおなじ大きさ

前に3本、うしろに1本の4本指。

スズメってこんな生きもの
分類	鳥類	食べもの	イネなどの植物の種、小さな虫など
すむ場所	人間のすむところの近く	行動	昼行性

スズメがへっている？
スズメは、まちでよく見かける鳥だが、近年、その数がへっているといわれている。ある調査では、1987年から2008年までの21年間に、約6割へったと報告された。その理由には、スズメが巣をつくるのに適した屋根がわらのある家がへり、マンションなどがふえたことで、子育てがしにくくなったことなどがあげられている。

体をふるわせてすなあびをするスズメ。

スズメのすなあびのあと

スズメは、体についたよごれや虫を落とすために、すなあびをします。何羽か集まってするので、何か所もすながへこんだ「わすれもの」ができます。

すながへこんで茶色く見えるのが、すなあびのあと。

スズメのうんち

スズメは、外敵におそわれないように、夜は木などに集まってねむります。そのため、スズメがねぐらにする木の下には、白っぽいうんちがたくさん落ちています。

白く見えるのは、すべてスズメのうんち。すぐ上にねぐらとなる木のえだがある証拠だ。

だれの巣かな？

下の写真（❶❷❸❹）はすべて鳥がつくった巣。
それぞれ、ⒶⒷⒸⒹのうちのどの鳥のもの？

1

ハンガーが
お気に入り？！

2

つくりかたが
おおざっぱ。

3

クモの糸を
つかって、木から
つってある。

4

ビニールひもで
巣をつくるのが
すき。

Ⓐ メジロ

Ⓑ ヒヨドリ

Ⓒ キジバト

Ⓓ ハシブトガラス

こたえ ❶D ❷C ❸A ❹B

Q4

これはなんだろう？

屋外の人通りの
あるところでよく
見られるよ。

A ツバメの巣

何年もつかわれる巣

ツバメの巣は、春になると、建物ののき下などにつくられます。ツバメは、くちばしで土やかれ草をはこんで、かべなどに少しずつくっつけることで、巣をつくります。

ツバメは古巣をこのむので、一度つくられた巣には、つぎの年もツバメがやってくることがよくあります。

巣の材料を集める親鳥。

ツバメの巣のつくりはじめ。巣をつくっているのはイワツバメというツバメで、上のほうまで土でおおったつぼ状の巣をつくる。

土などをはこんで、少しずつ巣を形づくっているイワツバメ。くっつけたばかりのところ（色がこいところ）は、しめっていて、かわくとかたまる。

ツバメのうんち

ヒナたちは巣の外におしりを出してうんちをするので、巣の下にはうんちがたくさん落ちています。かさで「うんちよけ」をつくるなど、ツバメと人間がいっしょにくらせるように工夫しているところもあります。

ある駅につくられた、ツバメのうんちよけ。

いろいろなわたり鳥

ツバメは、春に日本でうまれ、秋になると東南アジアやオーストラリアなどのあたたかい地方にわたり、冬をこすわたり鳥。つぎの春がくると日本に帰ってきて、子育てをする。こうした生活をする鳥を「夏鳥」とよぶ。ほかにも、わたり鳥には下のような鳥がいる。一方、一年中日本にいる鳥は「留鳥」という。

冬鳥 冬になるとえさを求めて日本にやってきて、春になると日本より北に帰って子育てをする。

旅鳥 春に日本より北で子育てしたあと、日本にたちより、冬を日本より南ですごす。

オオハクチョウ（冬鳥）

アオアシシギ（旅鳥）

スズメ（留鳥）

ツバメってこんな生きもの

分類 鳥類　**食べもの** ハチや羽アリ、カゲロウなど
すむ場所 人間のすむところの近く　**行動** 昼行性

人間を利用する鳥

まちでくらす鳥のなかには、人間の生活を利用しているものもいます。こうした鳥を、「都市鳥」といいます。

シジュウカラ

シジュウカラは、スズメほどの大きさの鳥。人間がつくったものによく巣をつくる。人間がつくったものを巣につかう理由は、まわりに人間がいるため、外敵におそわれにくいからだという説がある。ツバメが人通りの多いところに巣をつくる理由も、おなじだといわれている。

とびらのとっ手のすきまに巣の材料をはこぶシジュウカラ。

カラス

カラスが人間の出した生ごみをあさって食べるのも、人間のくらしを利用した生きかただといえる。また、カラスは、道路にクルミなどをおいて、車がからを割ってくれるのを待つなど、とてもかしこいやりかたで人間を利用することも知られている。

つかわれていない投書箱のなかに巣をつくったシジュウカラ。

カラスにあさられたごみすて場。

Ⓐ ①コウモリ

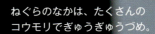

ねぐらのなかは、たくさんの
コウモリでぎゅうぎゅうづめ。

よごれはねぐらのサイン

コウモリは、建物の屋根うらや橋げたをねぐらにします。出入口がせまいところをこのむので、出入りするときにかべなどに体のよごれがつきます。このよごれがねぐらの目印になります。

コウモリのうんち

コウモリのねぐらの下には、長さ1cm前後の細長いうんちがたくさん落ちています。

茶色い土のように見えるのが、たまったコウモリのうんち。

羽をひろげたコウモリ。

コウモリってこんな生きもの

分類	ほ乳類	食べもの	羽のある小さな虫など
すむ場所	平地の、人間がすむところの近く	行動	夜行性

※まちでよく見かけるのは、イエコウモリで、アブラコウモリともよばれる。上の写真はかべにくっついているイエコウモリ。

「バットボックス」って？

「バット」（bat）は英語でコウモリのこと。コウモリのねぐらとして設置される箱をバットボックスという。コウモリは、カなどの害虫を食べるなど、人間にとって役に立つ生きもの（益獣という）。バットボックスには、コウモリを守るねらいがある。

橋げたに設置されたバットボックス。

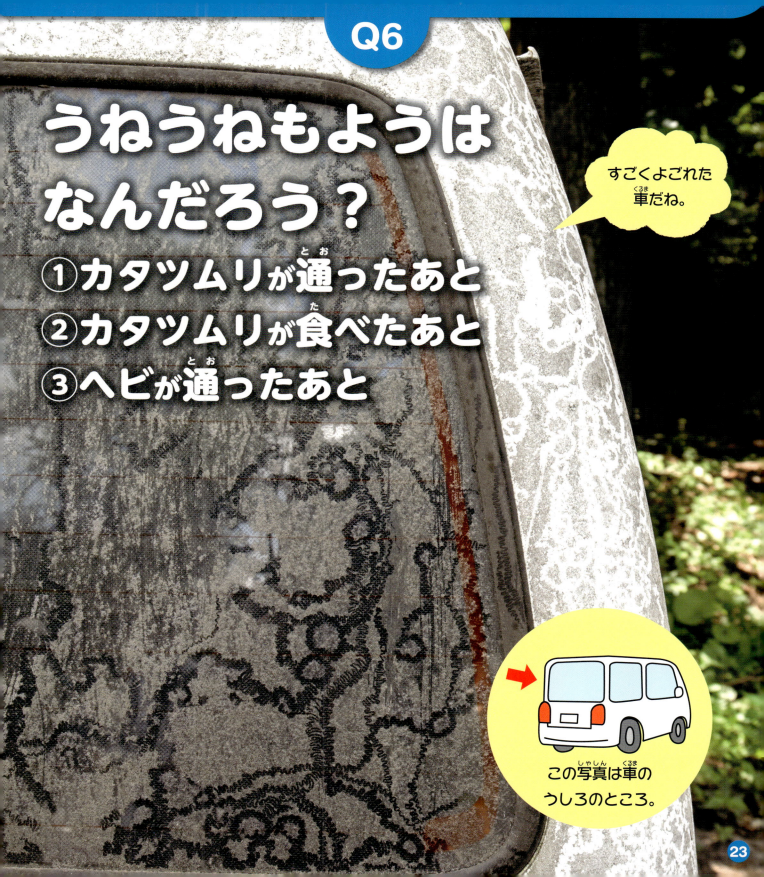

A ② カタツムリが食べたあと

けずりとるようにして食べる

カタツムリは、「歯舌」というざらざらした舌のようなものをつかい、えさの表面をけずりとるようにして食べます。23ページの写真のうねうねもようは、カタツムリが車のよごれをけずりとったあと。カタツムリはよごれにふくまれる藻類*を食べています。藻類は、長いあいだ屋外で雨風にさらされた車や看板などにつきます。

カタツムリの口。

カタツムリってこんな生きもの

| 分類 | 軟体動物 | 食べもの | 藻類やくちた木、葉など |
| すむ場所 | しめりけのあるところ | 行動 | 夜行性 |

カタツムリのうんち

カタツムリのうんちは、食べたものによって色がかわります。カタツムリのこう門は、右の写真のように、体の横についています。

このあたりにこう門がある

カボチャを食べてオレンジ色のうんちをするカタツムリ。

右まき？　左まき？

カタツムリのからは、種類によってうずの方向が決まっている。日本にいるカタツムリは、中心から見て右まき（時計回り）が多く（上の写真）、左まきのカタツムリは数が少ない（右の写真）。

左まきのカタツムリ。

* 光合成をする原生生物の総称。ワカメも藻類。

A モンシロチョウの幼虫

キャベツの葉が大すき

モンシロチョウの幼虫は、キャベツの葉をこのんで食べます。幼虫は食欲おうせいで、太い葉脈だけをのこして、葉をどんどん食べてしまいます。幼虫は4回脱皮したあと、さなぎをへて、成虫になります。

幼虫のうんち

うんち →

食べあとのまわりに落ちている丸いものは、幼虫のうんちです。うんちはお茶の葉のようなにおいがします。

くらべてみよう！ チョウの幼虫

チョウの幼虫は種類によってすきな植物がちがう。ナミアゲハはミカンやレモンの葉、キアゲハはニンジンやパセリの葉を食べる。

レモンの木のえだとナミアゲハの幼虫。

ニンジンの葉とキアゲハの幼虫。

長い口をのばして花のみつをすうモンシロチョウの成虫。

口 ↓

昆虫はどこで呼吸している？

人間は鼻や口で呼吸をするが、昆虫はふつう、「気門」で呼吸する。モンシロチョウの幼虫の場合、体の横にいくつもついている、黒い点のようなものが気門だ。ここから体に酸素をとりこみ、二酸化炭素を出す。

気門

モンシロチョウってこんな生きもの

分類 昆虫類　**食べもの** 幼虫はキャベツやナノハナなどの葉、成虫は花のみつ　**すむ場所** 畑や草地、庭など　**行動** 昼行性

セミのぬけがらを見てみよう

まちなかでも、夏になると、セミのぬけがらを見かけますね。ぬけがらにも、セミの種類によってちがいがあります。

アブラゼミの一生

アブラゼミのたまごは、夏に木のみきにうみつけられ、つぎの年の6月ごろに幼虫がうまれる。幼虫は木から落ちて土にもぐり、地中で脱皮をくりかえす。ふたたび地上に出てくるのは、何年もあと。幼虫は夏の夜、木などにのぼって羽化（幼虫やさなぎが成虫になること）する。こうしてのこされるのがぬけがらだ。

アブラゼミの羽化。羽化したばかりのセミは、白っぽくて、やわらかい。

ぬけがらの見わけかた

まちで見られるセミは、だいたい下の5種類（ぬけがらの写真はおおよそ実物大）。

●小さめ

ニイニイゼミ（チィー）
どろをかぶっている。丸っこい形。

ツクツクボウシ（ツクツクボーシ）
細長い形。ほかとくらべてつやがない。

●中くらい

アブラゼミ（ジージリジリ）
東日本のまちなかでいちばんよく見られる。赤茶色をしている。触角が毛深い。

ミンミンゼミ（ミーンミンミン）
触角に生えている毛が少ない。

●大きめ

クマゼミ（ワシャワシャ）
西日本のまちなかでいちばんよく見られる。横から見ると、顔が少しとがっている。

まちで見つかる虫の「わすれもの」

まちでいちばん見つけやすい「わすれもの」は、虫のものかもしれません。見つかる場所をおさえて、さがしてみましょう。

植えこみ

背のひくい植えこみに白いあみのようなものがかかっているのは、クサグモの巣。クサグモは、体長1.5cm前後のクモで、植えこみに糸をはり、えものとなる虫が引っかかるのを待つ。えものがかかると、巣のおくからすばやく出てきて、つかまえる。

秋から冬にかけて、植えこみについている茶色いかたまりは、カマキリのたまご。産卵されたばかりのときは白くてあわ状だが、時間がたつと茶色くなってかたまる。春が近づくとふ化して、数百びきの幼虫がいっせいに出てくる。

カマキリの幼虫。

カマキリの成虫。

公園の木

木のみきに丸くあながあいていたら、カミキリムシが出てきたあとかもしれない。カミキリムシは、木のなかにたまごをうみ、幼虫は木を食べて成長する。幼虫がさなぎをへて、成虫になると、大きなあごで木にあなをあけて、なかから出てくる。

家の外側のかべ

アシナガバチは、人間のすむまちにもよく巣をつくる。巣は、木や草のせんいと、ハチのだ液をまぜあわせてつくられる。アシナガバチは、あまりきょうぼうではないので、こちらが手を出さなければ、おそってくることはほとんどない。

しげみ

コミスジというチョウの幼虫は、クズの葉などを食べる。葉をかじって先のほうをからし、カーテンのようにたらしてかくれ場所にする。幼虫はかれ葉のような色をしており、うまくかくれることができる。

コミスジの幼虫がかくれている葉。

コミスジの成虫。

ものかげ

テントウムシの幼虫。

さなぎ

ぬけがら

ものかげにはりついているのは、テントウムシのさなぎとさなぎのぬけがら。家の外側のかべや、木のみき、葉のうらなどで羽化し、成虫になる。テントウムシは、たまごからふ化して、1か月くらいで成虫になる。

テントウムシの成虫。

29

資料編

生きもの分類表

それぞれのページの「○○ってこんな生きもの」で、生きものの分類をしょうかいしました。ここで、その分類を表に整理して見てみましょう。

せきつい動物（背骨がある）

ほ乳類

呼吸：肺呼吸
体温：一定
体：体毛がある
はんしょく：赤ちゃんをうむ
例：タヌキ、モグラ、コウモリ、イルカなど

鳥類

呼吸：肺呼吸
体温：一定
体：羽毛がある
はんしょく：たまごをうむ
例：スズメ、ツバメ、ペンギンなど

は虫類

呼吸：肺呼吸
体温：気温によって変わる
体：うろこがある
はんしょく：たまごをうむ
例：カメ、ヘビ、トカゲなど

両生類

呼吸：子どもはえら呼吸、おとなは肺呼吸
体温：気温によって変わる
体：ねんまくにおおわれている
はんしょく：たまごをうむ
例：カエル、イモリなど

魚類

呼吸：えら呼吸
体温：水温によって変わる
体：うろこがある
はんしょく：たまごをうむ
例：メダカ、アユなど

無せきつい動物（背骨がない）

節足動物

昆虫類

体が頭・むね・はらの3つにわかれ、2本の触角、6本のあしをもつ。
例：チョウ、セミなど

甲殻類

例：カニ、ダンゴムシなど

多足類

例：ムカデ、ゲジなど

きょう角類

例：クモ、サソリなど

軟体動物

体がやわらかい。
例：カタツムリ、タコなど

その他

ミミズ、クラゲ、ヒトデなど

※ それぞれの分類の特徴には、例外もある。

さくいん

あ行

アオアシシギ ································· 19
あしあと ································· 5、6
あしたく ································· 7、15
アシナガバチ ································· 29
アズマモグラ ································· 11
アブラコウモリ ································· 22
アブラゼミ ································· 27
アライグマ ································· 8
イエコウモリ ································· 22
イヌ ································· 6
イワツバメ ································· 18
羽化 ································· 27、29
うんち ·································
····· 7、8、11、15、19、22、24、26
益獣 ································· 22
オオハクチョウ ································· 19

か行

外来種 ································· 8
カタツムリ ································· 24、30
カマキリ ································· 28
カミキリムシ ································· 28
カラス ································· 20
キアゲハ ································· 26
キジバト ································· 16
気門 ································· 26
キャベツ ································· 25、26
きょう角類 ································· 30
魚類 ································· 30
クサグモ ································· 28
クマゼミ ································· 27
甲殻類 ································· 30
コウベモグラ ································· 11
コウモリ ································· 12、22、30
コミスジ ································· 29
昆虫類 ································· 26、30

さ行

在来種 ································· 8
サクラ ································· 13、14
シジュウカラ ································· 20
巣 ·································
····· 7、15、16、18、19、20、28、29
スズメ ································· 13、14、15、19、30
すなあびのあと ································· 15
せきつい動物 ································· 30
節足動物 ································· 30
セミ ································· 27、30
セミのぬけがら ································· 27
藻類 ································· 24

た行

多足類 ································· 30
脱皮 ································· 26、27
タヌキ ································· 6、7、8、12、30
旅鳥 ································· 19
たまご ································· 27、28、29、30
ためふん ································· 7
昼行性 ································· 12、15、19、26
チョウ ································· 12、26、29、30
鳥類 ································· 15、19、30
ツクツクボウシ ································· 27
ツバメ ································· 18、19、20、30
テントウムシ ································· 29
都市鳥 ································· 20
トンネル ································· 10、11

な行

ナガエノスギタケ ································· 11
夏毛 ································· 7
夏鳥 ································· 19
ナミアゲハ ································· 26
軟体動物 ································· 24、30
ニイニイゼミ ································· 27
ねぐら ································· 8、15、22
ネコ ································· 6

は行

ハクビシン ································· 8
ハシブトガラス ································· 16
は虫類 ································· 30
バットボックス ································· 22
ハト ································· 12
ヒミズ ································· 11
ヒヨドリ ································· 14、16
フクロウ ································· 12
冬毛 ································· 7
冬鳥 ································· 19
ほ乳類 ································· 7、11、22、30

ま行

ミシシッピアカミミガメ ································· 8
ミンミンゼミ ································· 27
無せきつい動物 ································· 30
メジロ ································· 14、16
モグラ ································· 10、11、30
モグラづか ································· 10
モンシロチョウ ································· 26

や行

夜行性 ································· 7、12、22、24

ら行

リス ································· 12
留鳥 ································· 19
両生類 ································· 30

わ行

わたり鳥 ································· 19

- **監修／小宮 輝之（こみや・てるゆき）**
  1947年東京都生まれ。1972年に多摩動物公園の飼育係になり、日本産動物や家畜を担当。多摩動物公園、上野動物園の飼育課長を経て、2004年から2011年まで上野動物園園長を務める。
  主な著書に『日本の野鳥』『ほんとのおおきさ・てがたあしがた図鑑』（いずれも学研）、『くらべてわかる哺乳類』（山と渓谷社）など、監修に『フィールド動物観察』（学研）など多数。長年、趣味として動物の足型の拓本「足拓（あしたく）」を収集している。写真はアフリカゾウの足拓をとっているところ。

- **編集・デザイン／こどもくらぶ**（中嶋舞子、原田莉佳、長江知子、矢野瑛子）
  「こどもくらぶ」は、あそび・教育・福祉分野で子どもに関する書籍を企画・編集しているエヌ・アンド・エス企画編集室の愛称。図書館用書籍として、毎年100タイトル以上を企画・編集している。主な作品に「五感をみがくあそびシリーズ」全5巻（農文協）、「海まるごと大研究」全5巻（講談社）、「めざせ！栽培名人 花と野菜の育てかた」全16巻（ポプラ社）など多数。

この本の情報は、2016年7月までに調べたものです。今後変更になる可能性がありますので、ご了承ください。

- **企画・制作**
  （株）エヌ・アンド・エス企画

- **編集協力**
  アマナイメージズ

- **写真協力**
  小宮輝之、アマナイメージズ、新開孝、安田守、吉野勲、中川雄三、草野慎二、亀田龍吉、藤丸篤夫、鈴木知之、津山瓦版、鳥取県立博物館、水戸市大場町・島地区農地・水・環境保全会、ケンチャン／PIXTA、ビターチョコ／PIXTA、©cheri131- Fotolia.com

- **おもな参考文献**
  小宮輝之監修『ポケット版学研の図鑑9 フィールド動物観察』、小宮輝之監修著『増補改訂フィールドベスト図鑑11 日本の哺乳類』、小宮輝之監修『増補改訂フィールドベスト図鑑8 日本の野鳥』（以上学研）／小宮輝之著『くらべてわかる哺乳類』（山と渓谷社）／小宮輝之著『哺乳類の足型・足跡ハンドブック』、小宮輝之・杉田平三著『鳥の足型・足跡ハンドブック』、熊谷さとし著・安田守写真『哺乳類のフィールドサイン観察ガイド』、新開孝著『虫のしわざ観察ガイド』（以上文一総合出版）／佐々木洋著・かとうまさゆき写真『街なか 生きもの 探険ガイド』（NTT出版）

| クイズでさがそう！ 生きものたちのわすれもの ①まち | NDC481 |

2016年9月30日　第1刷発行

監　修	小宮輝之
編	こどもくらぶ
発　行　者	水野博文
発　行　所	株式会社 佼成出版社　〒166-8535　東京都杉並区和田2-7-1
	電話　03-5385-2323（販売）　03-5385-2324（編集）
印刷・製本	瞬報社写真印刷株式会社

©Kodomo Kurabu 2016. Printed in Japan
佼成出版社ホームページ　http://www.kosei-kodomonohon.com/

32p 25cm×22cm
ISBN978-4-333-02740-8
C8345

本書の複写、スキャン、デジタル化等の無断複製は著作権法上での例外を除き禁じられています。
本書を代行業者等の第三者に依頼してスキャンやデジタル化することは、たとえ個人や家庭内の利用であっても、著作権法上認められておりません。
落丁、乱丁がございましたらお取り替えいたします。定価はカバーに表示してあります。

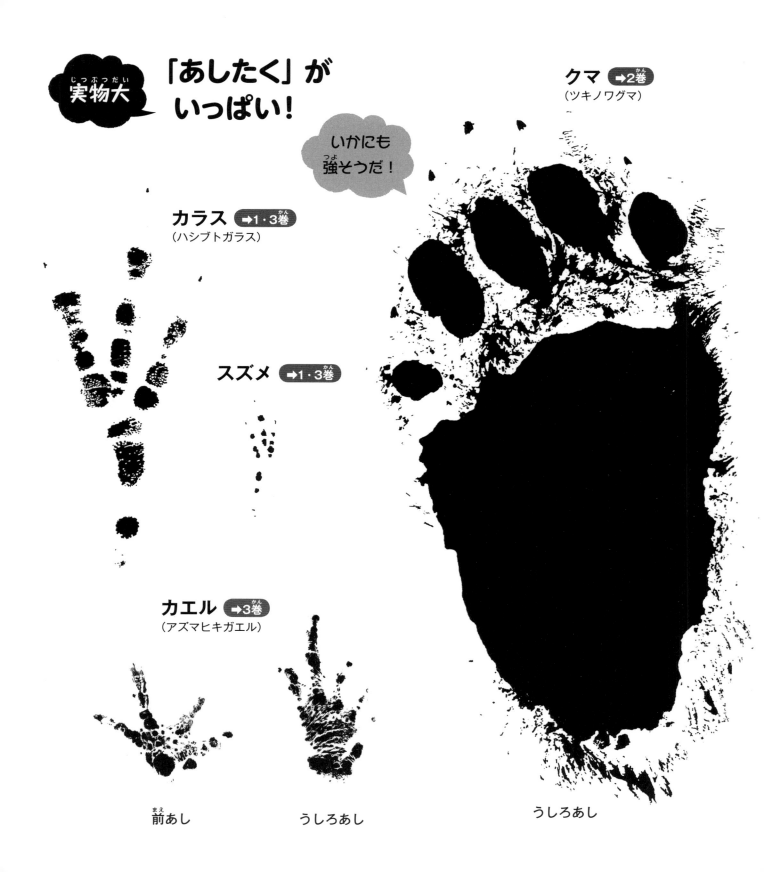